LE

CHEVAL PERCHERON

LA SOCIÉTÉ HIPPIQUE PERCHERONNE

SON STUD-BOOK

PAR

CH. DAUBIAN DELISLE

Sous-Préfet de Nogent-le-Rotrou,

Ancien Secrétaire de la Commission Consultative des Intérêts Hippiques du département du Calvados

NOGENT-LE-ROTROU

IMPRIMERIE DE E. LECOMTE

1886

LE

CHEVAL PERCHERON

LA SOCIÉTÉ HIPPIQUE PERCHERONNE

SON STUD-BOOK

PAR

CH. DAUBIAN DELISLE

Sous-Préfet de Nogent-le-Rotrou,

Ancien Secrétaire de la Commission Consultative des Intérêts Hippiques du département du Calvados.

NOGENT-LE-ROTROU

IMPRIMERIE DE E. LECOMTE

1886

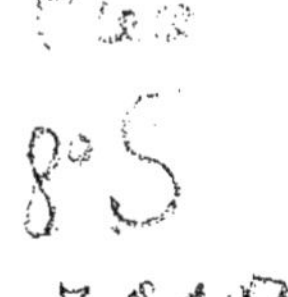

LE CHEVAL PERCHERON

LA

SOCIÉTÉ HIPPIQUE PERCHERONNE

Son Stud-Book

I.

Existence de la race percheronne. — La Société hippique percheronne. — Les Concours de Nogent-le-Rotrou en 1884 et en 1886.

En 1883, la grande commission inter-départementale, nommée par M. le Ministre de l'Agriculture pour la préparation du programme du Concours régional hippique de Caen, refusait l'existence à la race de chevaux de trait percherons. Elle déclarait que cette antique race était perdue, que ses caractères distinctifs avaient disparu, et qu'il ne restait en France que des débris de nos anciennes races de trait. On ajoutait que les éleveurs les plus compétents, mis en présence d'un cheval de trait, étaient le plus souvent dans l'impossibilité d'affirmer qu'il appartenait à la race percheronne, à la race boulonnaise ou à toute autre race de trait.

La race percheronne n'était pas morte, elle était malade.

Par une coïncidence remarquable, c'est au même moment que, la même année, au cœur du Perche, à Nogent-le-Rotrou, M. Fardouet, éleveur de chevaux percherons, frappé du danger que courait en effet la race percheronne livrée jusqu'alors aux habitudes trop routinières d'un élevage sans contrôle, sans surveillance, sans sanctions, créait la Société hippique percheronne pour « *perpétuer et accroître les qualités de la race et la conserver pure*[1]. »

L'œuvre première de la Société hippique percheronne a été la création d'un Stud-Book percheron, ou livre généalogique de la race de chevaux de trait vivant dans l'ancienne province du Perche au moment de l'établissement de ce travail.

Trois années se sont écoulées. Dans cet espace de temps, relativement très court, les premiers résultats obtenus par le fonctionnement de la Société hippique percheronne ont été de la plus haute importance. Au mois de mai 1884, un Concours hippique percheron, tenu à Nogent-le-Rotrou, affirmait, dans une splendide exhibition, l'existence, naguère encore niée, de la race percheronne, et rassemblait l'élite de la production, 280 chevaux, dont un grand nombre, très remarquables, réunissaient de précieuses qualités.

Depuis cette époque, les progrès ont continué sans interruption. « *Aujourd'hui,* dit M. Fardouet, président de la Société hippique percheronne, dans l'introduction du second volume du *Stud-Book*, *il n'y a pas dans le Perche un seul étalonnier qui ne reconnaisse la valeur du Stud-Book percheron et tous se sont fait inscrire membres de notre Société.* » L'affluence des acheteurs dans le Perche et, en particulier, des ache-

1. Fardouet, introduction du 1er volume du *Stud-Book percheron*, page 9, ligne 1.

teurs américains, a été considérable pendant ces dernières années. Le second volume du *Stud-Book percheron*, qui vient d'être publié, a encore ouvert très larges ses colonnes aux animaux nés dans le Perche. A partir du 1er janvier 1885, la Société se refuse à enregistrer aucun animal dont le père et la mère n'auront pas été préalablement enregistrés. Déjà 2,850 chevaux sont inscrits sur ces deux volumes ; les inscriptions continuent chaque jour. Une artiste d'un talent incontesté, Mme Rosa Bonheur, a fixé dans un admirable dessin les traits de *Voltaire*, le lauréat du Concours hippique de 1884, comme pour rappeler au monde que cette race percheronne existe encore élégante et forte ; enfin, dans quelques jours, du 17 au 20 juin 1886, va s'ouvrir, à Nogent-le-Rotrou, le second Concours hippique percheron, sous la présidence de M. le Ministre de l'Agriculture.

La race percheronne est sauvée.

Elle a pu être sérieusement atteinte, et nous accorderons volontiers qu'elle avait besoin, pour ne pas s'éteindre à tout jamais, de l'actif dévoûment et de la précieuse initiative de M. Fardouet et de ses collaborateurs ; mais elle est, nous le répétons, bien définitivement sauvée. La haute distinction agricole déjà accordée à M. Fardouet, et la présence au prochain Concours de Nogent-le-Rotrou de M. le Ministre de l'Agriculture, nous prouvent que la résurrection et la restauration de cette race nationale de chevaux de trait ont justement attiré l'attention du Gouvernement.

II.

Noblesse et antiquité de la race percheronne. — Ce qu'était autrefois le cheval percheron, ce qu'il est aujourd'hui.

Si nombreux et si importants que soient les progrès accomplis dans la voie de la restauration et de l'amélioration de la race percheronne de chevaux de trait, il en reste encore de plus nombreux à accomplir peut-être, peut-être de plus importants.

La noblesse et l'antiquité de la race percheronne ne sont pas contestées. L'introduction du sang oriental à deux reprises différentes et à plusieurs siècles d'intervalle, dans cette race douée d'heureuses dispositions et vivant sur un sol favorable à son puissant développement, paraît suffisamment prouvée.

Je n'insisterai pas sur ce point. Je dirai simplement que noblesse oblige et que les précieuses qualités morales et physiques léguées par une illustre origine doivent être avec soin conservées et entretenues pour qu'une race garde sa noblesse et le droit d'être fière de ses parchemins. Il en est, sous ce rapport, un peu des chevaux comme des hommes. Un homme n'a le droit de tirer fierté de sa noble origine que s'il justifie cette fierté par une supériorité bien constatée sur ses concitoyens; un crétin issu de très nobles aïeux est une chose lamentable que l'on cache. Il est peut-être sage de laisser à l'histoire les destriers arabes que les comtes de Rotrou et de Mondoubleau ramenèrent des croisades, d'accorder un reconnaissant souvenir aux étalons arabes Godolphin et Gallipoly qui, vers 1820, infusèrent du sang oriental dans la race percheronne au château de Coësme, près de Bellême, et de s'occuper plus pratiquement de cette précieuse race, en la prenant, aujourd'hui, telle qu'elle est sous nos yeux.

J'émettrai franchement mes critiques lorsque je le jugerai utile et je passerai rapidement en revue les améliorations que semblent exiger encore les intérêts bien entendus de la race percheronne et de ses éleveurs.

Le cheval percheron est un cheval de trait, c'est incontestable. Il a pu, pendant les guerres de la féodalité, fournir de puissants chevaux d'armes au moment où les lourdes armures que portaient les guerriers exigeaient de leurs montures une vigueur peu commune ; mais il est, depuis de longues années, consacré au trait, qui semble être, du reste, sa destination normale. Jusqu'au moment où les chemins de fer ont remplacé les diligences, le cheval percheron était par excellence le cheval de trait léger qui trottait vite en tirant un poids relativement considérable. C'était de chevaux percherons qu'étaient attelées les diligences ; c'étaient encore des postiers du Perche qui traînaient les berlines et autres véhicules de luxe usités alors pour leurs voyages par les favorisés de la fortune. La race, à ce moment-là, comme l'ont du reste constaté les auteurs qui se sont occupés de cette question, différait notablement de ce qu'elle est aujourd'hui. « *Elle devait être plus légère*, dit M. Charles du Hays, *tout en possédant en elle-même le principe des caractères qu'elle a revêtus plus tard.* »

Entre l'apparition des chemins de fer et l'époque actuelle, s'est écoulé un certain nombre d'années qui resteront obscures dans l'histoire du cheval percheron. Les omnibus de Paris en ont employé un grand nombre, il est vrai; l'industrie n'a jamais, il est vrai encore, cessé d'en demander, mais il est très probable que c'est pendant ce laps de temps que le cheval percheron s'est de plus en plus spécialisé comme cheval d'agriculture, acquérant peut-être de nouvelles qualités, mais perdant aussi de ses qualités anciennes, la légèreté, les allures, au bénéfice de la masse.

Il est, dans le Perche, de notoriété publique que la race percheronne a été pendant quelques années détériorée et compromise par des croisements peu judicieux de poulinières percheronnes avec des étalons de sang ou de demi-sang.

Les meilleurs et les plus anciens éleveurs affirment que Jean-le-Blanc, un des pères de la race percheronne actuelle, descendait directement d'un étalon de pur sang arabe, de Coësme, mais ils soutiennent, en même temps, que l'introduction du demi-sang dans le Perche a failli perdre la race. Faut-il croire que le demi-sang a détruit ce que le pur sang avait si bien commencé? Faut-il penser que l'un et l'autre auront successivement nui à la race percheronne? Faut-il enfin se ranger à l'opinion que les éleveurs du Perche ont trop vite perdu patience? Je ne sais, mais je constate encore, parmi les producteurs de chevaux percherons, un assez vif ressentiment contre les haras de l'État qui firent, vers 1830, ces essais bientôt abandonnés. « *A cette époque*, dit M. Fardouet dans un mémoire rédigé à propos du Concours de Nogent-le-Rotrou en 1883, *j'entendais dire à mon père, qui était éle-*

veur, que les haras de l'État détérioraient la race percheronne par leurs chevaux de demi-sang, au lieu de l'améliorer comme ils le prétendaient....., les éleveurs ont renoncé aux poulains, soi-disant améliorés, pour ne plus prendre que des poulains sortant de gros chevaux bien proportionnés et purs d'origine..... Il est bien vrai qu'il était malheureusement resté longtemps une trace de ce croisement, surtout dans les contrées où les haras ont le plus persisté..... On peut dire hardiment que, si le cœur du Perche, c'est-à-dire les environs de Nogent-le-Rotrou, dans un périmètre de 30 à 40 kilomètres, a conservé le type le plus pur avec sa race de gros percherons, c'est grâce aux éleveurs et aux étalonniers du pays, tels que MM. Perriot père et grand-père, Ducœurjoly père, les Vineault, etc., etc., et en général tous les étalonniers des environs de Nogent. » (M. Fardouet est trop modeste ; il aurait dû commencer cette énumération par le nom de son père et son propre nom.)

C'est donc entre 1820 et 1840 que la race percheronne, la race de chevaux de trait qui trottaient vite, a commencé à se modifier. Elle a définitivement refusé des unions avec la race de demi-sang qu'elle croyait nuisibles ; elle a, en dépit des assertions de M. Charles du Hays, également repoussé les sujets bretons, picards, cauchois ou boulonnais qui se sont malheureusement trop souvent et frauduleusement introduits dans le Perche, mais qui n'y ont jamais été appelés. Les éleveurs, effrayés des résultats des croisements avec les races de sang, qui produisaient à leurs dires de gros corps sur des membres grêles et sans force, se sont entendus pour opérer patiemment la seule sélection encore pratiquée dans le Perche; ils ont toujours choisi pour les unir les plus gros étalons, les plus grosses poulinières. Puis la robe, elle-même, s'est modifiée. Les robes baies et noires, les robes sombres, interdites autrefois aux reproducteurs et reléguées à la charrue ou au roulage par suite d'un injustifiable préjugé, ont été admises par les étalonniers depuis une vingtaine d'années. Enfin, l'apparition des acheteurs américains sur nos marchés, qui date de 1865 environ, leurs demandes constantes de gros et grands chevaux et les prix élevés qu'ils n'ont pas hésité à donner dès le début des sujets réunissant les conditions qu'ils exigeaient, ont hâté la transformation [1].

1. Les bons étalons percherons vendus au début aux Canadiens se payaient quatre mille francs. Leur valeur a triplé.

III.

Le cheval percheron est devenu un cheval de gros trait. — Les achats américains, leurs avantages, leurs dangers. — Nécessité de revenir à l'ancien élevage du cheval percheron de trait léger sans abandonner pour cela le cheval de gros trait.

Le cheval percheron n'est plus un cheval de trait léger, il tend à devenir exclusivement un cheval de gros trait. L'affluence toujours croissante depuis quelques années des acheteurs étrangers et en particulier des Américains a beaucoup contribué à accentuer cette tendance. Les Américains demandent *du gros.* Il en est qui vont jusqu'à faire entrer comme une base importante pour l'estimation du cheval qu'ils veulent acquérir le poids de l'animal et ses dimensions qu'ils mesurent avec un ruban à plusieurs endroits du corps, comme un tailleur mesure le torse de son client.

Aujourd'hui, les plus beaux étalons du Perche, ceux qui sont l'élite de la production, ceux, en un mot, que l'Américain achète, paye sur place, et presque toujours comptant, douze à quatorze mille francs, sont des bêtes énormes, atteignent parfois au garrot la taille de 1^{m}90, trop souvent immobilisées ou tout au moins ralenties par leur masse, envahies par l'embonpoint, par la prépondérance du tissu adipeux. Sans doute ces étalons énormes ont conservé sous cette enveloppe épaisse les formes de l'ancienne race du Perche ; peut-être sont-ils le produit d'une sélection raisonnée, mais on se demande si le cheval percheron était destiné à devenir cet animal puissant surtout par son poids et par sa masse, mais forcément, bien qu'à un degré variable, suivant les individus, alourdi par la lymphe; cet animal, enfin, dont les qualités de fonds ou d'énergie sont noyées en partie par cet élevage dont les procédés semblent empruntés à l'élevage de la race bovine pour la boucherie.

Je ne le pense pas, et je suis bien plutôt disposé à affirmer, faisant abstraction des bénéfices actuels procurés par les achats étrangers, que l'avenir de l'élevage percheron est dans la pratique d'une sélection toute différente de celle qui est actuellement pratiquée, une sélection intelligente qui saura découvrir, recueillir et unir entre elles, par une prudente consanguinité, les qualités qui rendront le cheval percheron à sa destination première, à sa destination nationale, et qui en feront à la fois un postier pouvant figurer très honorablement en paires sur de lourds attelages de luxe, break, omnibus, mail-coach, etc.; un cheval de trait pouvant rendre d'utiles services à l'agriculture, pouvant être pour l'industrie un limonier et un fardier, et un cheval prisé par les remontes militaires et pouvant fournir de bons attelages à l'artillerie et au train des équipages.

Les esprits sages, indépendants, ne doivent-ils pas souhaiter que le cheval percheron cesse de se transformer ainsi exclusivement en cheval de gros trait, et qu'il redevienne ce qu'il était, ce qu'il peut, ce qu'il doit être, un cheval de trait léger?

N'est-il pas dangereux de transformer ainsi une race, de faire (car il ne faut pas le nier) du cheval percheron *un cheval de gros trait pour l'exportation?*

Les Américains veulent faire des essais de croisements sur lesquels nous devons avouer que nous ne sommes pas bien fixés.

Après d'infructueux essais d'importations de suffolks et de boulonnais qui ne résistaient pas à la traversée, ils se sont adressés aux percherons qui ont résisté. Mais ils voulaient créer chez eux une race de gros trait, et le cheval percheron, au moment où ils ont commencé à l'acheter, n'était pas encore arrivé au développement que nous lui connaissons ; c'est alors qu'ils ont poussé dans le Perche la production vers *le gros,* vers la masse, pour transformer, de cette façon, les percherons en suffolks ou en boulonnais.

Voilà ce qui est très probable.

On a dit et répété que les Américains voulaient unir nos étalons du Perche à leurs petites juments américaines, et il est certain, en effet, qu'ils ont commencé par acheter surtout des étalons ; mais il est malheureusement trop vrai qu'ils achètent aussi beaucoup de juments percheronnes depuis plusieurs années, et les meilleures poulinières, quelquefois, leur sont vendues par des éleveurs qui font ce calcul déplorable, qui ne savent pas résister à l'appât d'une forte somme offerte et qui tuent, de cette façon, la poule aux œufs d'or.

Chaque année, six cents chevaux environ et une centaine de juments sont ainsi enlevés du Perche.

Or, qu'arrivera-t-il, au bout d'un certain nombre d'années ?

Les Américains tendent à coup sûr à constituer une race. Ils réussiront ou ils échoueront. Dans tous les cas, ils sauront bientôt à quoi s'en tenir. Ils achètent régulièrement des chevaux dans le Perche depuis une quinzaine d'années. S'ils doivent échouer dans leur entreprise, ils cesseront leur importation lorsqu'ils en auront acquis la certitude, et cela peut se faire tout à coup. S'ils réussissent, au contraire, les achats cesseront également lorsque la race sera confirmée, ce qui pourrait ne pas tarder, et nous verrons peut-être alors l'exportation des chevaux percherons, qui fait aujourd'hui la fortune du Perche, remplacée par des offres de vente faites sur le continent par les Américains qui produiront à leur tour, pour l'exportation, le cheval *percheron américain* devenu un article de concurrence sur les marchés.

Nous avons, dans le département même d'Eure-et-Loir, un exemple analogue et frappant.

Il y a une vingtaine d'années, les moutons mérinos faisaient la fortune de la Beauce. Leur laine se vendait en moyenne 1 fr. 50 à 2 fr. le kilo.

Les Américains ont fait pour les moutons en Beauce ce qu'ils font pour les chevaux dans le Perche, ils ont acheté nos mérinos beaucerons à un prix très élevé, ils nous ont enlevé nos meilleurs producteurs, ils ont constitué chez eux et acclimaté la race, et leurs laines, meilleures que les nôtres et vendues à des prix moindres, viennent dans ce même département faire une terrible concurrence aux laines beauceronnes. La laine, aujourd'hui, se vend avec peine 90 cent. le kilo. L'industrie chapelière de Nogent emploie de préférence les laines américaines, plus souples et moins chères.

N'est-ce pas là un utile avertissement ?

Il est impossible d'admettre que les Américains, qui ont un grand sens pratique, continuent à acheter longtemps dans le Perche des chevaux qui ne sont pas des chevaux de luxe, qui ne peuvent être destinés qu'à la reproduction et qui leur reviennent à des prix si considérables rendus à New-York ou à Chicago. Une fois la race acclimatée ou une fois la preuve faite de l'impossibilité de cette acclimatation, les achats cesseront.

En admettant l'une ou l'autre de ces hypothèses, nous nous demandons quelle sera la situation de l'élevage percheron le jour où, les achats rémunérateurs des Américains ayant cessé, nos éleveurs se trouveront encombrés de ces chevaux énormes dont nous parlions tout à l'heure.

Seraient-ils plus utilement que d'autres employés par l'agriculture? A coup sûr, ils ne le seraient pas par l'armée, et l'industrie leur reprocherait leur prix très élevé. Ils auront perdu, en effet, ou ne posséderont qu'amoindries les qualités rustiques qui font le cheval agricole, et leur cherté les éloignera, du reste, de la charrue; l'armée ne saurait, à aucun titre, les utiliser; elle ne se sert pas de chevaux de gros trait; l'industrie pourra en faire des fardiers, des limoniers de gros camionnage, fort coûteux encore, mais est-ce là le sort de la race percheronne? Est-ce là le sort de cette race dont les producteurs vantent si volontiers les nobles origines? Est-elle donc destinée à fournir encore pendant quelques années de forts étalons et des poulinières aux Américains, pour se retrouver ensuite abâtardie, transformée, incapable de fournir autre chose que des chevaux de brasseurs ou de modestes chevaux agricoles, moins rustiques que leurs pères, moins énergiques, mais, en revanche, embarrassés d'une trop haute taille qui les rendra maladroits sans qu'ils aient à espérer la compensation de l'engraissement luxueux donné aujourd'hui à leurs ancêtres?

Nos éleveurs du Perche auront-ils ce triste réveil? S'apercevront-ils tout à coup que le temps de ces ventes productives est passé, se retrouveront-ils en face des difficultés ordinaires qui entravent nos productions agricoles, seront-ils forcés de vendre mille ou quinze cents francs ce qu'ils vendent aujourd'hui douze mille, sans s'être réservé, pour ces jours moins heureux, la ressource d'une production normale, constante et moins coûteuse qui ne leur fournirait, dans les années de prospérité que nous traversons, qu'un bénéfice relativement peu considérable, mais qui leur assurerait, dans les années de disette, qu'il faut prévoir, un revenu raisonnable qui serait leur salut?

Non, cela n'est pas possible, et, cependant, il est certain que cela arriverait si, le premier engouement passé, les éleveurs percherons ne revenaient à de plus sages pratiques, ne retournaient prudemment en arrière pour dégrossir cette race que nous verrions, en peu d'années, transformée sans retour si les tendances actuelles se propageaient, persistaient et devenaient définitivement des habitudes d'élevage dans le Perche.

Certes, je suis loin de trouver mauvais qu'au moment où notre agriculture souffre, le Perche, pays favorisé, trouve un débouché pour ses produits agricoles! Je me félicite bien, au contraire, de voir ainsi accrues la fortune de nos campagnes et notre fortune nationale, mais je crois devoir signaler le danger qui consiste à *fabriquer* un cheval sur la commande de l'étranger, au risque de transformer imprudemment une race qui ne saurait être rétablie ensuite dans sa forme première et consacrée à nouveau à ses premières destinées, qu'au prix de très persévérants et de très longs efforts.

Je sais que je plaide une cause difficile à gagner, je sais ce que les éleveurs répondent à. ceux qui leur tiennent un pareil langage : « On voit bien que vous n'avez pas de fermes dans le Perche ! » ou encore ceci : « Il faut donc refuser l'argent qui vient chez nous ! » Je sais que le bénéfice actuel est un bien puissant mobile ; mais c'est précisément parce que je sais tout cela que je crois utile de dire tout ce que je pense et que je le dis avec la confiance que je trouverai dans mon indépendance et dans l'avantage que j'ai, hélas ! dans la circonstance, de « *n'avoir pas de fermes dans le Perche*, » des éléments d'utile vérité.

D'aucuns m'ont affirmé que l'on s'exagère le danger ; qu'il existe encore dans le Perche des éleveurs qui *poussent moins au gros*. C'est possible, et il faut le souhaiter, mais j'entends dire chaque jour aux éleveurs : « *que leurs chevaux ne seront jamais assez gros,* » et je constate la tendance très générale de l'élevage à produire très grand et très gros pour avoir le bénéfice, si appréciable, des achats américains. Il y a fort peu de temps, les grands magasins du Bon-Marché, de Paris, s'adressaient à un éleveur du Perche que je pourrais nommer, pour lui demander des chevaux de trait léger pour les omnibus-réclames qui portent les marchandises à domicile. Il a refusé de s'en occuper, d'abord parce qu'il ne produit plus ce genre de chevaux, et probablement, ensuite, parce qu'il aurait difficilement aujourd'hui trouvé dans le Perche le modèle demandé.

Il est tout naturel, du reste, que les éleveurs percherons qui, jusqu'à ces dernières années, ont manqué de direction, produisent *sur commande* ce cheval si bien vendu. Aussi, ce ne sont pas autant les abstentions individuelles que l'on doit solliciter que l'intervention de la Société qui s'est créée pour la défense et le salut de la race percheronne. C'est elle qui doit faire effort pour enrayer le mouvement dont je parlais tout à l'heure ; c'est à son bureau de prendre de sages délibérations ; au jury de ses Concours d'accorder ses primes avec une judicieuse prudence et de conserver ses encouragements à la race nationale de chevaux de trait légers qui trottent, tout en accordant également, si elle le trouve juste, des récompenses aux efforts tentés pour la production du cheval que j'ai appelé *d'exportation*, à la condition, cependant, qu'il trotte et soit exempt de tares.

La solution de cette question me paraît être dans l'élevage du très gros cheval demandé par l'Amérique parallèlement à l'élevage de l'autre cheval destiné à conserver une race qui s'en va, mais qui doit revivre aussi bien dans l'intérêt particulier des éleveurs du Perche que dans l'intérêt de notre production nationale.

IV.

Progrès à accomplir par la Société hippique percheronne. — Considérations sur le Stud-Book percheron. — Nécessité de l'organisation d'épreuves, de concours, de courses. — Un hippodrome à Nogent-le-Rotrou. — Nécessité de juger le cheval autrement que par son extérieur et de faire travailler les jeunes chevaux. — Coutume percheronne, la jument n'est pas conduite à l'étalon, c'est l'étalon qui est mené à la jument. — Inconvénients de ce procédé.

Il faut encore, dans un autre ordre d'idées, que la marche de la Société hippique percheronne dans la voie du progrès soit rapide et constante ; il faut que les éleveurs du Perche regardent autour d'eux, qu'ils recueillent les enseignements qui ne leur feront pas défaut dans les départements de la Normandie où l'élevage du cheval est élevé à la hauteur d'une science, qu'ils se décident à lutter énergiquement contre la routine, à ne plus se livrer à certaines pratiques défectueuses, sous le prétexte que « *dans le Perche on a toujours fait comme cela.* »

L'établissement du Stud-Book était un immense progrès. Peut-être, cependant, pourrait-on critiquer la façon très large dont il a été constitué. Tous les chevaux de trait nés dans le Perche dont l'inscription a été sollicitée par leurs propriétaires, membres de la Société, ont été inscrits jusqu'au 1er janvier 1885. A partir de cette époque, ne sont inscrits au Stud-Book que les animaux dont le père et la mère auront été préalablement enregistrés. Cette sage mesure, qui était destinée à resserrer les liens de la famille percheronne et qui aurait au bout de peu d'années fourni des preuves de l'utilité du livre généalogique, a malheureusement été éludée par suite d'une interprétation trop bienveillante que le bureau de la Société a faite de son propre règlement. Il a été décidé, en effet, qu'un éleveur, désireux de faire inscrire au Stud-Book un cheval issu de père et mère qui n'y figurent pas, pourrait cependant obtenir cette inscription en faisant, d'un seul coup, inscrire la famille, le père, la mère et le produit. Cette mesure, ainsi comprise, pourra accroître les ressources de la Société, elle accroîtra notablement le nombre des inscriptions, mais de quelle utilité sera-t-elle au point de vue du perfectionnement de la race ?

Ce ne sont pas les sujets qui sont inscrits au Stud-Book percheron, c'est le territoire qui les produit. C'est ainsi qu'il est question d'admettre encore dans ses colonnes les chevaux de cantons voisins du territoire d'abord délimité. Ces cantons produisent aussi des chevaux de trait, ils demandent à les inscrire au Stud-Book percheron. Les inscriptions ont été faites jusqu'à ce jour sans examen d'une commission, sans autre formalité qu'un certificat prouvant l'origine percheronne, c'est-à-dire la naissance sur le territoire de l'ancienne province du Perche approximativement délimitée.

La commission qui vient d'établir le Herd-Book de la race bovine normande a procédé autrement. Après avoir fixé le territoire qui serait appelé à fournir des sujets, elle a nommé une commission composée d'hommes d'une compétence éprouvée. Cette commission s'est transportée successivement dans chaque canton et n'a inscrit sur le Herd-Book que les taureaux et génisses qui lui ont paru dignes de cette inscription. Les éliminations ont été fort nombreuses, mais, en revanche, l'inscription au Herd-Book est un titre sérieux que ne possèdent que des animaux reproducteurs excellents auxquels l'élevage peut s'adresser en toute confiance.

Il n'en est pas ainsi pour le Stud-Book percheron. Au nombre des 3,000 chevaux inscrits depuis 1883 se trouvent beaucoup de médiocrités, et il ne suffit pas à un propriétaire de juments de savoir que tel ou tel étalon est inscrit pour lui demander, en toute confiance, une saillie.

Le Stud-Book n'a pas facilité la sélection comme il l'aurait pu s'il avait été constitué en n'admettant les chevaux à l'inscription qu'après un examen individuel et sévère. Il est trop tard pour revenir en arrière, mais je pense que la Société hippique percheronne agirait sagement en n'inscrivant dorénavant au Stud-Book que des sujets examinés individuellement par une commission, sans que le lieu de leur naissance leur donne des droits à l'inscription, s'ils ne descendent pas de père et mère déjà inscrits, et si, d'ailleurs, leurs formes, leurs tares, ou d'autres raisons les font juger indignes de l'admission au livre généalogique.

Le Perche, heureusement, n'est pas très étendu, les éleveurs se connaissent entre eux, ils pourront faire des croisements raisonnés qui améliorent les races et perpétuent leurs qualités, lorsqu'ils auront pris l'habitude, qu'ils n'ont pas encore aujourd'hui, de se préoccuper des faits et gestes des reproducteurs qu'ils emploient, de leurs *performances* pour employer une expression technique. Il serait nécessaire, pour remédier à l'inconvénient que nous venons de signaler et qui résulte de la trop large hospitalité offerte par le Stud-Book à tous les chevaux percherons, que la Société se préoccupât d'organiser des concours annuels qui, sans avoir l'éclat de ses exhibitions bisannuelles, appelleraient les chevaux et les juments à des épreuves où leurs qualités d'énergie, de force, de vitesse pourraient être appréciées en même temps que la pureté de leurs formes. Les mères suitées seraient jugées et primées suivant la valeur de leur produit; les épreuves qui devraient se subir dans plusieurs centres de l'élevage percheron seraient en outre une occasion d'actives transactions.

Enfin, il faudrait encore que l'œuvre de la Société hippique percheronne fût couronnée par l'organisation de courses au trot, à Nogent-le-Rotrou, sur un hippodrome spécial qui n'admettrait que les chevaux inscrits au Stud-Book. L'emplacement serait des plus faciles à trouver dans les vastes et riantes prairies qui bordent l'Huisne.

N'est-il pas, en effet, à désirer que la valeur des chevaux percherons soit jugée autrement que par le simple examen qui précède l'achat? La pureté des formes, l'absence de tares, sont-elles des critériums suffisants pour l'appréciation d'un cheval? Est-ce ainsi que l'Administration des Haras choisit ceux qui seront destinés à peupler nos haras nationaux? Non, certes. En dehors des qualités qui peuvent se déduire de l'extérieur du cheval et de la visite minutieuse du vétérinaire, le cheval recèle des qualités d'énergie, de fonds, que seule l'épreuve peut révéler qu'elle soit faite sur un hippodrome ou sur une piste quelconque. L'ensemble de la vaste organisation que l'on nomme *les courses* n'a pas d'autre but que de signaler à l'Administration des Haras les premiers sujets de la race. Un extérieur séduisant peut tromper, *le poteau ne trompe pas.* « *Les adversaires des courses,* dit M. Ed. Henry, ancien député du Calvados, membre du Comité supérieur des haras, dans sa brochure sur les courses (1884), *ajoutent à leurs critiques que ce n'est pas en faisant courir des chevaux sur des hippodromes qu'on peut les améliorer.*

Il est par trop facile, en vérité, de répondre qu'on ne les fait pas courir pour les améliorer, mais bien pour connaître leurs qualités, et pour opérer une sélection, lorsque les meilleurs, après avoir résisté à un entraînement sérieux, se sont révélés par une série de succès. Ce sont ceux-là, étalons ou juments, qui deviennent des reproducteurs d'autant plus précieux que les qualités de vitesse et de résistance se transmettent comme les qualités de forme. Les courses ne sont pas autre chose qu'une constatation et un encouragement à mieux élever. »

Ainsi donc, pour la race percheronne comme pour les autres, le meilleur reproducteur sera celui qui aura fourni les preuves les plus éclatantes de ces qualités morales, si je puis m'exprimer ainsi, sans lesquelles le plus bel animal n'est bon et beau que pour la boucherie.

Les courses ou les autres épreuves et la préparation qu'elles imposent ont un autre avantage, elles font mieux nourrir le cheval. Au lieu de donner aux poulains percherons des bouillies qui les engraissent, leurs éleveurs leur donneraient assurément la nourriture fortifiante qui convient aux chevaux qui travaillent, s'ils se préoccupaient de les préparer pour les épreuves que je réclame au lieu de penser seulement à les gaver pour augmenter leur volume. J'emprunte encore à l'appui de mon dire l'opinion de M. Ed. Henry :

« *Les courses de chevaux ont l'immense avantage, dans les régions qui produisent le plus d'étalons, de faire élever et nourrir beaucoup mieux les poulains ; car un certain nombre d'entre eux ayant, avant d'être présentés à l'administration, une carrière de course à parcourir, et tous ayant une épreuve de 4,000 mètres, avec un minimum de vitesse exigé, à subir avant la présentation, on leur donnera pour ces causes, au sortir du lait, une alimentation que le cultivateur marchande trop souvent à ses chevaux.*

On voit d'ici quelle différence il y a entre un étalon engraissé et acheté seulement sur le modèle, à l'âge de quatre ans, pour être mis en station six mois après, et l'animal qui a fait ses preuves en courses, et chez lequel les qualités d'énergie et de vitesse se sont révélées non seulement parce qu'il les tenait de son origine, mais aussi parce qu'il a été nourri comme il devait l'être. »

Mais où sont dans le Perche ces épreuves si utiles ? Nous avons les courses d'Illiers, de Mamers, de Mortagne et de Mondoubleau, mais elles ne sont pas, comme je le désirerais, spéciales à la Société hippique percheronne, et nous n'avons pas dans Eure-et-Loir cette puissante organisation que nous admirons à côté de nous, dans les départements voisins : épreuves d'étalons, épreuves de pouliches, concours de juments poulinières, concours de dressage, écoles de dressage, etc., etc. Le Calvados, pour n'en citer qu'un seul, compte sept hippodromes représentant un total de vingt-cinq journées de courses, deux concours de dressage, six concours de juments poulinières, trois concours de pouliches, un concours d'épreuves pour les étalons, trois concours d'épreuves de pouliches, une école de dressage et quatre écoles d'entraînement. Et que l'on ne dise pas que ce qui se fait pour le demi-sang ne peut se faire pour les races de trait. Sans doute, il serait fou d'exiger des chevaux percherons ce que l'on demande aux chevaux de demi-sang, mais j'insiste pour affirmer que cette vie hippique active, qui fait que l'élevage et le dressage sont dès l'âge de deux ans pratiqués parallèlement, est le plus sûr moyen de rendre une jeune génération de chevaux active et vigoureuse, de reconnaître de bonne heure et d'éloigner de la reproduction les sujets défectueux, et de marcher avec une certitude absolue vers l'amélioration, le perfectionnement, la confirmation d'une race.

Nous n'avons pas même dans le Perche, patrie des chevaux de trait, un concours de chevaux de trait *avec épreuves* comme celui que la ville de Paris organise chaque année à la fin de mai. J'ai constaté avec regret que souvent les meilleures écuries percheronnes vendent leurs chevaux à trois ans sans qu'ils aient jamais travaillé, sans qu'ils aient jamais fortifié leurs muscles et excité leur vigueur dans des exercices salutaires. Ils sont amenés à l'acheteur sans avoir fourni aucune épreuve, ils sont incapables de prouver leur valeur autrement que par leurs formes presque toujours noyées par l'embonpoint et par quelques pas d'un trot maladroit et traversé qui révèle l'absence du dressage le plus rudimentaire. C'est encore une des conséquences de cet élevage pratiqué trop exclusivement en vue de la vente aux acheteurs américains. Il semble que, pourvu que le cheval percheron soit grand et fort d'aspect, il réunira toutes les qualités désirables. Sa douceur naturelle accrue par cet élevage amollissant et la faveur dont il jouit souvent d'être exempt de tares encouragent ces procédés. Le poulain a belle apparence, on le nourrit bien, on le laisse en paix augmenter de volume et de poids. Je ne parle pas ici de la généralité, je parle d'exceptions, mais d'exceptions très importantes; et je les signale avec d'autant plus d'insistance qu'elles sont remarquées chez les premiers éleveurs du Perche, chez ceux-là mêmes qui produisent les sujets achetés le plus cher par les Américains.

Je suis, du reste, en mesure d'affirmer que les acheteurs américains eux-mêmes sont les premiers à reconnaître l'insuffisance de l'éducation de nos chevaux percherons, ils sont les premiers à désirer des épreuves et la constitution d'une Société de courses percheronnes à Nogent-le-Rotrou.

Je veux encore signaler et critiquer une coutume percheronne que je crois de nature à entraver le perfectionnement de la race.

Dans le Perche, à l'encontre de ce qui se passe dans les autres pays d'élevage, la jument n'est pas conduite à l'étalon, l'étalon fait des tournées de monte. On ne lui choisit pas un domicile dans un centre d'élevage auquel ses qualités conviendraient, il fait ses tournées au gré des désirs d'une clientèle accoutumée beaucoup plus au propriétaire qu'au cheval. On voit chaque jour, au printemps, sur les routes riantes du Perche, passer au pas un gros cheval noir ou gris, bizarrement caparaçonné, la tête ornée de pompons multicolores, les reins couverts d'une chabraque également enguirlandée de flots de rubans et monté par un gars qui se laisse bercer et dodeliner par cette allure monotone. Il va de ferme en ferme offrir ses services. Depuis de longues années, c'est ce conducteur qui mène l'étalon au printemps, il a ses clients qui lui sont fidèles, il change de cheval, mais lui ne change pas, et si parfois le propriétaire d'une jument reçoit le conseil de recourir à tel autre étalon, il répond : « *J'ai* l'habitude de prendre, quand il passe, le cheval de X... » Mais ce n'est pas tout : le propriétaire des poulinières vend régulièrement ses poulains à son étalonnier ; au bout de quelques années ses propres produits reviennent au printemps faire la saillie dans sa ferme. Ainsi se font, par petites circonscriptions, des accouplements entre mères et fils, entre frères et sœurs, etc. ; ainsi s'établit une consanguinité trop dense, contraire au sain développement de la race, capable, assurément, de perpétuer des qualités, mais à coup sûr, aussi, d'augmenter et de propager des défauts [1].

Il est inutile d'insister, ces pratiques sont défectueuses. Il faut que l'étalon reste dans son box, que

1. Je dois signaler l'excellent exemple donné par M. Aveline, conseiller général du canton de Nocé (Orne), qui envoie régulièrement à Saint-Cyr-la-Rozière deux étalons qui y sont en station et font la saillie dans l'enceinte de l'établissement, conformément aux usages de l'administration des haras.

le propriétaire de la jument cherche autour de lui ou au loin même, s'il le faut, le cheval qui conviendra pour unir ses qualités à celles de la poulinière ou corriger ses défauts et que, sûr de le rencontrer à son domicile, il y conduise la jument. De cette seule façon la sélection pourra s'opérer, de cette seule façon sera évitée une consanguinité excessive dont les résultats livrés au hasard risqueraient d'être beaucoup plus souvent fâcheux que favorables. Il faut que le principe régulateur de l'élevage soit une croyance absolue dans l'hérédité. C'est cette foi qui guidera l'éleveur, qui lui permettra d'aller puiser, comme à une source précieuse, les qualités qu'il aura reconnues chez un producteur; c'est encore cette foi qui lui permettra de combattre avec patience, persévérance et succès les défauts qu'il aura pu découvrir dans la famille de chevaux qu'il élève. L'usage irréfléchi de n'importe quel étalon qui passe à époque fixe est une indifférence coupable au point où nous en sommes.

J'ai fini, j'ai prodigué mes critiques largement, avec une entière sincérité, avec le souci constant d'être utile aux intérêts de mes amis les éleveurs. Je connais et j'apprécie trop leur bon sens pour n'être pas certain qu'il ne me tiendront pas rigueur de ma franchise. J'ai, du reste, plus insisté sur les critiques que sur les louanges et j'aurais de beaucoup dépassé les limites de cette notice si je l'avais consacrée à exprimer tout entière mon admiration pour cette belle et bonne race percheronne qui, malgré les retards apportés dans l'emploi des procédés d'élevage que la science moderne a consacrés, est toujours la première race de chevaux de trait du monde.

Je rends encore, en finissant, un juste tribut d'hommages aux hommes dévoués qui ont tant fait depuis quelques années pour la restauration de cette précieuse race, et qui continueront certainement à unir leurs efforts pour perfectionner et achever leur œuvre pour le plus grand bien du Perche et pour la gloire de notre agriculture nationale.

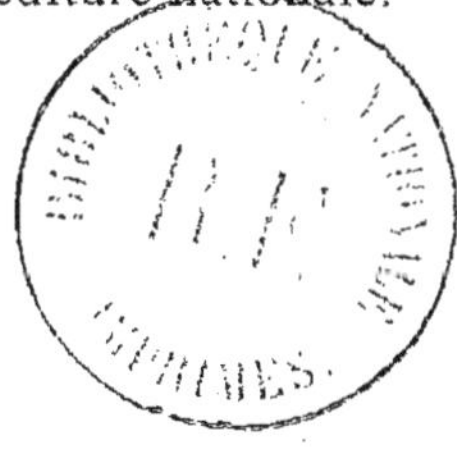

FIN.

Nogent-le-Rotrou, imp. E. Lecomte.

www.ingramcontent.com/pod-product-compliance
Ingram Content Group UK Ltd.
Pitfield, Milton Keynes, MK11 3LW, UK
UKHW022143260726
13993UKWH00005B/2130

9 782019 950002